AF585986

PETIT GUIDE

SUR

L'ARBORICULTURE

Émanant d'observations de 35 ans de pratiques
et d'expériences diverses,
donnant différents procédés nouveaux, essentiellement pratiques ;
contraire à toute théorie, un seul essai ou une visite,
forcera tout arboriculteur à les approuver,
à les recommander d'après l'auteur, surtout pour le pêcher.

CONFÉRENCE

Faite le 9 Novembre 1902, au Palais Rameau, Lille

Par M. Louis LORETTE,

Chargé des cours d'Horticulture à l'Ecole d'Agriculture du Nord
et de Conférences pratiques dans chaque arrondissement.

Prix : **50 centimes.**

LILLE
IMPRIMERIE L. DANEL

1903.

INTRODUCTION.

Après lecture des procès-verbaux et la présentation de nouveaux membres, M. Lebrun, Président, avec toute l'amabilité que nous lui connaissons, présente le conférencier, M. L. Lorette, chargé des cours d'horticulture à l'École pratique d'Agriculture de Wagnonville-Douai. Il rappelle la collaboration précieuse de ce digne travailleur aux dix premières années de la Société et, rapprochant les débuts du Jardinier aux succès du Professeur, il invite ce dernier à développer une partie des enseignements acquis par le premier pendant 30 années d'un labeur acharné et incessant qui le fit mettre hors concours, avec prix d'honneur, en 1886 pour cultures à domicile.

M. Lorette est donc avant tout un praticien ; de parole simple et convaincue, il a su vivement intéresser ses auditeurs et sans chercher à l'effet, il a su les initier profondément, par ses démonstrations à la fois claires et pratiques aux défoncements, à la plantation et à la taille des arbres fruitiers. S'aidant du sécateur et de tout ce qu'il lui fallait, il a fait connaître de nombreux procédés qu'il préconise et qu'il serait utile de répandre le plus possible.

Il est vrai que M. Lorette est chargé, en plus de ses cours à l'École de Wagnonville, d'une tournée à faire tous les ans dans chaque arrondissement du département pour démontrer ses procédés ; ils ne manqueront donc pas de se répandre de façon sûre.

Les applaudissements et les félicitations de notre réunion lui seront un sûr garant du profit que les membres de notre Société tireront sans nul doute de ses sages conseils ; ils pourront d'ailleurs s'aider du « Résumé méthodique » qu'il a eu l'excellente idée de faire imprimer et de mettre à leur disposition, en attendant son ouvrage complet sur les trois parties horticoles, s'il y a assez de souscripteurs pour le publier, ce dont je ne doute pas.

M. Lorette donnant des indications pour conserver les formes de fantaisies en bon état et obtenir du fruit (*Voir celles qui suivent*).

CONFÉRENCE

Faite le 9 Novembre 1902, au Palais Rameau,

Par M. Louis LORETTE,

Chargé de cours d'Horticulture à l'École d'Agriculture du Nord.

Avant de vous parler de jardinage, il convient de remercier publiquement M. Lebrun, présidant la séance de ce jour, de la façon dont il m'a présenté, ainsi que Messieurs les Membres du Conseil d'administration, d'avoir songé à leur collègue des dix premières années ; cela m'a fait un sensible plaisir, d'autant plus que j'ai collaboré pour ma part au développement de notre grande association ; c'est vous dire qu'un bienfait se retrouve tôt ou tard.

Je remercie également ceux qui sont venus pour la conférence ; je remarque qu'il y a parmi eux de vrais amateurs et d'excellents praticiens ; j'ose espérer que vous serez tous satisfaits et que vous ne m'en voudrez pas de venir vous engager à modifier et même réformer certains procédés, concernant le traitement des arbres fruitiers ; en vous montrant les erreurs, vous en reconnaîtrez l'utilité. Pour ne pas vous retenir trop longtemps, je ne parlerai que de l'arboriculture et, comme ce sujet est déjà étendu, je serai le plus bref possible, tout en faisant comme d'habitude, les démonstrations nécessaires pour montrer le résultat des opérations que je préconise depuis longtemps, pour les faire adopter. En agissant ainsi, on s'en rend mieux compte et comme c'est du choc des bonnes idées que jaillissent les bons procédés (pas de partis pris), la pratique et l'observation seront les vrais juges ; d'ailleurs, en jardinage, il n'y a rien d'absolu, attendu que la nature nous réserve toujours du nouveau et que ce sont les expériences diverses en même temps que les végétaux qui nous indiquent comment il faut les traiter : par l'observation. Aussi, sans vouloir tourner les choses au tragique, je crois devoir vous rappeler que, pour bien jardiner, il y a trois conditions essentielles à mettre en pratique, c'est-à-dire qu'il faut journellement prévoir tout ce qu'il y a à faire, observer constamment tout ce qui se passe, et ensuite toujours être méticuleux dans les travaux. Ce sont trois conditions fondamentales, mais ces qualités sont assez rares chez la plupart des jeunes gens, j'en ai souvent eu la preuve ; cependant, moi, qui ne suis qu'un praticien, c'est ce qui m'a déjà permis d'améliorer et même réformer bien des choses ; je n'ai pas la prétention d'être seul à observer, je désire simplement vous révéler des faits pratiques, trop peu connus, ignorés peut-être ; donnant d'excellents résultats, vous en jugerez bientôt par mes démonstrations.

Avant d'aborder le programme qui m'a été tracé par Messieurs les Membres du bureau, je tiens à vous dire que des questions très importantes ont été oubliées. Ce sont la préparation du terrain à planter, les variétés à choisir et la déplantation des arbres ; votre bienveillante attention m'oblige à traiter le sujet à fond. Rassurez-vous, je n'abuserai pas de votre temps.

Quand le sous-sol est mauvais, c'est-à-dire trop argileux, glaiseux, caillouteux, pierreux ou tourbeux, il est dangereux pour les arbres d'y creuser des trous pour y amener de la bonne terre, lorsque l'épaisseur de ces parties a plus d'un mètre. Ces arbres ainsi plantés se trouvent alors comme encaissés et dépérissent au bout de quelques années ; ils sont même dans de plus mauvaises conditions que dans une caisse, car ces trous n'offrent pas d'écoulement à l'eau qui y pénètre : ce sont donc des frais inutiles ; il est préférable en pareil cas, d'élever un peu l'emplacement de chaque arbre, c'est-à-dire que la terre qu'il aurait fallu pour remplir le trou en question, se met à la surface : 40 centimètres de bonne terre sont suffisants pour y planter de jeunes sujets.

Défoncement.

Tout terrain, exempt des inconvénients signalés ci-dessus, doit être fouillé à une profondeur de $0^m,60$ à $0^m,75$ et comme ce défoncement doit être bien fait, il s'agit de voir quel est le moyen d'éviter la fraude qui se fait souvent dans ce genre de travail. Pour des arbres à haute tige, c'est-à-dire pour un verger, il suffit de faire des trous (mieux vaut en largeur qu'en profondeur) de deux mètres carrés de surface et $0^m,60$ de profondeur à dix mètres de distance au minimum pour poiriers et pommiers sur franc ; cinq à huit suivant les variétés, pour cerisiers, amandiers, pruniers, abricotiers, etc. ; il est bon de laisser ces trous ouverts pendant quelques semaines. On aura soin, avant de planter, de mélanger à la terre de chaque trou dix kilos de scories de déphosphoration et le 1/4 de superphosphates (pour la mise à fruit).

Lorsqu'il s'agit de murailles ou de contre-espaliers, on doit défoncer deux mètres de largeur, sur toute la longueur à planter, en ayant soin d'y mélanger du sang desséché, de bons tourteaux, les produits indiqués ci-dessus, des déchets de laines, de cornes, etc. Pour faire un bon travail, il faut exiger une tranchée à la profondeur indiquée ; toute la terre qui en sort est conduite où le travail doit finir, pour combler l'ouverture qui doit avancer au fur et à mesure que le travail se fait ; de cette facon, on est à l'aise pour travailler et l'on ne peut pas faire la fraude. L'ouvrier descend dans le trou, muni d'une pioche et d'une pelle, fait tomber à ses pieds une bande de terre, brise les gros morceaux et la jette à la pelle derrière lui, en l'accumulant à sa hauteur, régulièrement et en mélangeant l'engrais convenablement, conservant toujours la même ouverture jusqu'au bout, et ayant soin de remuer le fond qui se durcit en faisant ce genre de travail ;

il faut surtout éviter de faire ce défoncement par la pluie, encore moins par le dégel. Ce travail doit être fait pendant l'été.

Une deuxième condition très importante, c'est le choix des variétés à planter, je ne parlerai pas de la qualité, car cela dépend du goût du planteur ; il y a des fruits plus ou moins parfumés, croquants ou fondants, sucrés ou acidulés, c'est-à-dire, pour tous les goûts. Ce qu'il faut surtout voir, c'est l'époque de leur maturité ; il faut très peu de poires mûrissant en été ainsi qu'à l'automne, et au contraire beaucoup pour l'hiver et le printemps. (Mettre dix sujets contre un). C'est faute de ce soin que les fruits deviennent rares pendant les cinq premiers mois de l'année, époque où l'on pourrait les vendre beaucoup plus cher.

Conditions essentielles dans une plantation.

1° Un point très important, c'est la déplantation des sujets : on ne saurait apporter trop de soins aux racines des arbres, car si l'on en coupe, cela oblige à enlever des branches, pour rétablir l'équilibre entre les parties aériennes et souterraines, conditions indispensables pour assurer la reprise. Il vaut bien mieux les payer quelques sous plus cher et les avoir avec toutes leurs racines.

2° La meilleure époque pour planter tous les arbres fruitiers, c'est aussitôt la chute des feuilles ; alors il se forme de suite de nombreuses radicelles, ce qui assure une bonne végétation au printemps suivant si l'on a soin de couvrir le sol d'un bon paillis, pour éviter que la sécheresse ne provoque ni ralentissement ni arrêt.

3° Il faut aussi que la terre s'émiette bien, car, elle doit glisser entre tous les interstices ; avoir soin de bien étaler les racines, en ne les recouvrant que de cinq à six centimètres de terre ; où le sol est léger, on peut aller jusqu'à dix, jamais plus et de façon que le bourrelet de la greffe ne soit jamais enterré. J'insiste sur ce point, car c'est contraire aux habitudes de la campagne.

4° Il faut toujours à chaque printemps, avoir soin de couvrir le sol d'un bon paillis, pour éviter que la sécheresse de l'été ne

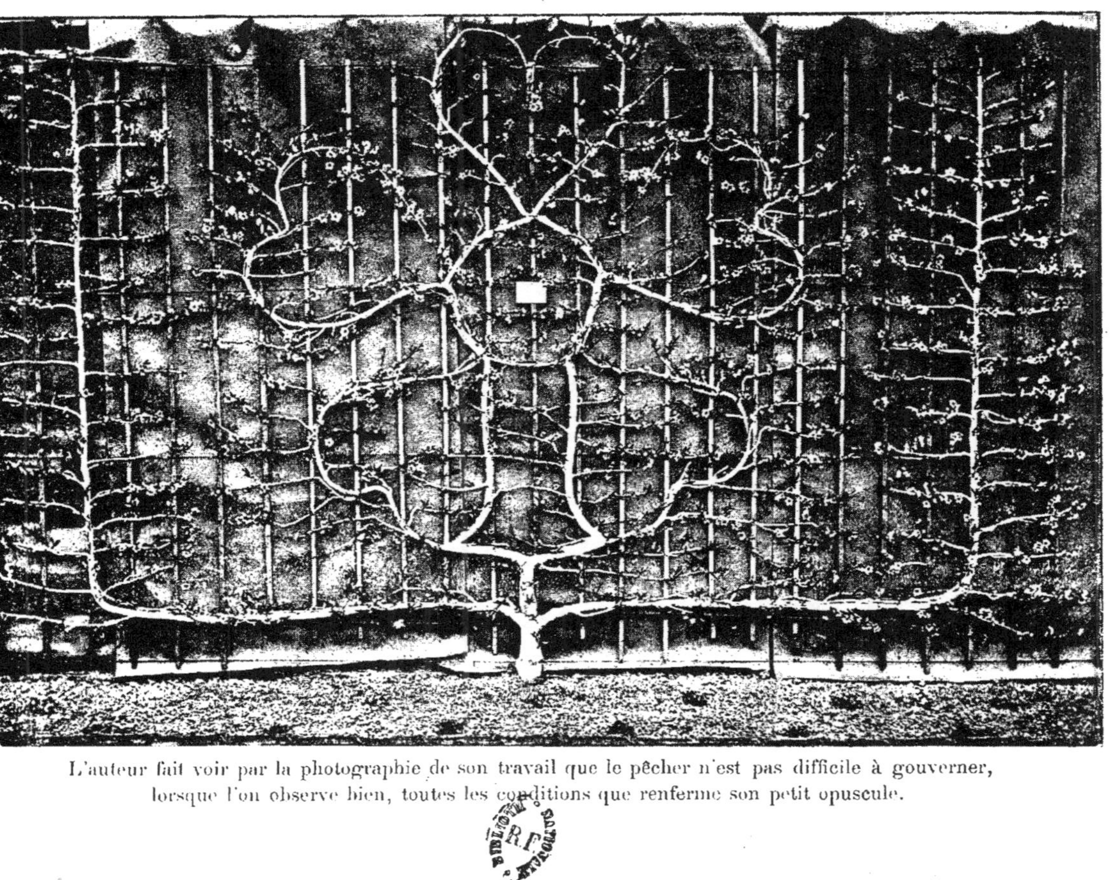

L'auteur fait voir par la photographie de son travail que le pêcher n'est pas difficile à gouverner, lorsque l'on observe bien, toutes les conditions que renferme son petit opuscule.

dessèche trop la terre ; tout arbre planté après l'hiver doit être bien badigeonné pour préserver l'écorce de l'ardeur du soleil et seringué assez souvent pour appeler la sève. (Pour le badigeon, employer l'argile et la bouse de vache bien délayées en parties égales).

Formes à donner aux arbres fruitiers.

Sachant qu'ils se prêtent à tous les caprices, à toutes les formes, nous devons les établir pour qu'ils rapportent régulièrement de beaux fruits, c'est-à-dire, pour éviter l'alternance qui se produit généralement. Jusqu'à présent, on s'est contenté d'observer le fait, sans rechercher d'où venait la cause. Eh bien ! je constate depuis très longtemps que cela tient surtout aux formes trop rapprochées, c'est-à-dire, qu'il faut plus d'espace entre les branches de charpente, afin qu'elles reçoivent l'air et la lumière nécessaires à la constitution de tous les yeux, ce qui permet de conserver tous les ans à leur prolongement, les deux tiers de la végétation de l'année, vrai moyen de les faire fructifier promptement.

La distance à observer, d'une série à une autre dans l'espalier est de $0^m,35$ à $0^m,40$ pour toutes les essences, excepté le pêcher qui exige $0^m,75$ pour le palissage ; dans la pyramide il faut $0^m,50$. J'insiste sur ces points, car, c'est contraire aux théories admises. Les formes à recommander sont : 1° l'U simple et le cordon horizontal pour les variétés peu vigoureuses, double et triple pour les autres ; puis, la pyramide à ailes, les vases, diverses palmettes et candélabres, à branches droites, contournées, obliques ou horizontales ; j'invite ceux qui aiment les formes de fantaisie, avant de les entreprendre, à venir voir celles de l'école d'agriculture du Nord.

Description des différents procédés pour former l'U.

Il s'obtient de différentes façons et aussi bien avec un vieil arbre recépé qu'avec un jeune ; même plus vite, car la végétation sera plus forte.

*

Dix-huit mois après la plantation, le sujet est coupé à $0^{m},25$ du sol, pour obtenir de jeunes bourgeons qui se prêtent à cette forme, mais leur situation naturelle est un obstacle au maintien de l'équilibre dans la végétation ; c'est-à-dire, que d'après la nature, les bourgeons sont toujours alternés sur le sujet, un peu éloignés l'un de l'autre, ce qui fait que la sève se porte davantage au plus élevé et celui-ci exige des soins continuels pour être maintenu en bon état. Je dirai même, que dans ces conditions, il faut être arboriculteur observateur.

Pour remédier à ce grave inconvénient, il y a cinq procédés en usage :

1° Éventer l'œil supérieur par la taille, c'est-à-dire faire la coupe très près en biaisant derrière lui : cela est bon pour un an, mais, dès que la plaie est bien cicatrisée, la sève reprend son courant habituel et rompt l'équilibre.

2° Fendre un peu le haut du sujet taillé, pour abaisser l'œil, afin qu'ils se trouvent tous deux au même niveau. Ici, c'est le sens contraire, en enlevant à l'œil supérieur les deux tiers de sa force, l'inférieur pousse à son détriment.

3° Placer deux écussons à la hauteur indiquée, l'un à droite et l'autre à gauche, pour obtenir deux bourgeons bien parallèles, mais il est rare que l'union des deux greffes soit semblable. Ce troisième procédé n'est donc pas meilleur que les deux autres.

4° On peut encore arquer le bourgeon ou le rameau terminal, en ayant soin qu'il se trouve un œil juste au coude, pour donner une branche opposée et former la bifurcation.

Ce quatrième procédé réussit assez bien, mais le cinquième doit être préféré.

5° Celui-ci est infaillible, il s'agit des stipules ou yeux stipulaires, procédé que j'emploie et que je préconise depuis plus de trente ans ; cependant, il est très peu en usage dans nos contrées; la cause, c'est que les bonnes choses prennent difficilement le dessus sur la routine.

Description d'un U fait contre nature, c'est-à-dire avec les sous-yeux.

Au lieu de choisir deux yeux bien placés, un seul suffit pour cette forme; le sujet est donc taillé à la hauteur indiquée, sur un œil placé en avant et dès qu'il se développe, tous ceux qui l'accompagnent doivent être ébourgeonnés graduellement; aussitôt que le bourgeon terminal commence à se lignifier à sa base, on le rabat sur l'empatement et immédiatement les sous-yeux ou stipulaires se développent; on n'a plus qu'à veiller sur le maintien de l'équilibre tant que l'U soit formé.

Ce soin consiste à abaisser celui qui s'emporte, au détriment de l'autre et avant qu'ils se lignifient, ou leur faire prendre la direction horizontale ; puis lorsqu'ils ont atteint tous les deux 0^{m},60 de longueur, on relève leurs extrémités verticalement à 0^{m},40 de leur point de départ, en ayant soin de faire des courbes bien arrondies ; ensuite, on les arrête tous deux par un pincement, à la longueur indiquée, c'est-à-dire 0^{m},20 au-dessus de la partie horizontale ; pour obtenir les autres U, on agit comme il est dit ci-dessus ; on a alors cette forme faite dans la perfection, celle-ci conserve bien l'équilibre entre toutes les parties : point capital pour la fructification et la durée de l'arbre.

Il en sera de même, pour établir les différents vases ; toutes les bifurcations doivent être faites par ce procédé qui est le meilleur pour le maintien de l'équilibre dans la végétation des arbres et de plus, ils fructifient beaucoup mieux et plus vite.

C'est aussi le meilleur procédé pour établir des pêchers ; le genre de candélabre qui se trouve ci-dessus est la forme par excellence pour cet arbre, en espaçant les branches charpentières de 0^{m},75, pour le palissage des rameaux fructifères, les latteaux conducteurs être placés à 0^{m},15, pour en avoir quatre entre elles.

Traitement des rameaux fructifères du pêcher.

Tout d'abord, il faut connaître les différentes productions dont il se garnit, lorsqu'il n'est pas bien dirigé, on en trouve cinq, qui sont : le gourmand, le rameau à bois, le rameau mixte, la branche chiffonne et le bouquet de mai ; deux seulement sont bonnes : le rameau mixte et le bouquet : il faut donc bien tenir compte, de ce qu'il est dit ci-dessous, pour substituer les autres en celles-ci et pour éviter le remplacement si ennuyeux dans le pêcher, il faut que les bourgeons proviennent des yeux naturels restés à l'état latent toute l'année. Pour empêcher les yeux primitifs de se développer en bourgeons anticipés l'opération est des plus simples, il suffit de couper les quinze ou vingt premières feuilles de chaque prolongement, à moitié ou aux deux tiers, suivant la vigueur ; comme ce sont les feuilles qui attirent la sève vers les yeux, cela suffit pour les empêcher de pousser avant terme. On a ainsi au printemps suivant des bourgeons beaucoup mieux constitués ; alors ceux-ci doivent être pincés, dès qu'ils atteignent $0^m,40$, puis, palissés horizontalement ou arquer vers le sol.

Généralement, ce pincement provoque le développement d'autres bourgeons ; on les laisse pousser en liberté jusqu'au mois de septembre, époque où il faut les supprimer graduellement, à huit ou dix jours d'intervalle, pour refouler la sève sur les yeux primitifs et obtenir des bouquets de mai ; production naturelle, qui donne les meilleures pêches.

Deuxième année. — Tous les rameaux conservés doivent être taillés avant la floraison, suivant leur position sur l'arbre, c'est-à-dire en diminuant graduellement, vers le haut des branches ; on conserve de $0^m,10$ à $0^m,30$ de longueur. C'est ainsi que l'on tient le pêcher toujours garni de bois et de fruits.

Beaucoup s'embrouillent, avec le renouvellement des rameaux fructifères ; cependant, c'est bien simple : tous les bourgeons que donnent les rameaux conservés lors de la taille qui doit avoir lieu aussitôt la chute des feuilles et non au printemps, sont pincés à trois feuilles lorsqu'il y a du fruit, et s'il n'en reste pas, on les raccourcit graduellement, pour obtenir d'une façon comme de l'autre, à la base de chaque rameau, ce fameux bourgeon de remplacement,

L'auteur donne ci-dessus la forme la plus pratique et la meilleure,
pour conserver le pêcher en bon état
et prouve par la photographie de son travail, que l'on peut obtenir régulièrement du fruit,
sans renouveler les ramifications primitives (arbre de six ans).

que l'on palisse au fur et à mesure, sur celui qui doit disparaître après la récolte, en ayant soin de l'arrêter par un pincement s'il dépasse 0m,40. Voilà tout le traitement du pêcher. Le renouvellement des rameaux n'est même pas nécessaire (*Voyez le cliché.*)

Les soins consistent d'abord à éviter de couper ou blesser l'écorce, on doit éviter aussi le contact avec des clous ou du fil de fer, car tout cela provoque la gomme immédiatement : puis à badigeonner cet arbre tous les ans, au printemps, car étant dépourvu de feuilles, il est sensible aux rayons du soleil : le badigeon est fait d'argile et de bouse de vache en parties égales. S'il y a des insectes, on se sert de fleur de soufre délayée avec de la nicotine et on y ajoute cinq grammes de sulfate de cuivre pour un litre. (Cela suffit pour dix arbres).

Il faut aussi prévenir l'apparition des pucerons, en pulvérisant les arbres régulièrement tous les huit jours. On se sert d'eau fraîche, additionnée de nicotine concentrée au 100e.

Comme abris, pour préserver les fleurs de l'humidité, qui empêche la fécondation, ce qu'il y a de mieux, ce sont des petites branches d'ifs que l'on attache au treillage ou aux branches charpentières des arbres, vers la fin du mois de janvier, ou de faire placer en haut des murs des auvents vitrés avec une toile en avant pour les abriter.

Formation d'une pyramide à ailes.

Le point de départ, c'est d'avoir son sujet vigoureux et bien enraciné ; on le rabat à 0m,50 du sol, pour obtenir vers ce point de bons bourgeons vigoureux assez rapprochés ; alors, on se procure la charpente qui consiste en un bon tuteur en sapin, de 3m,75 de long, sulfaté à la base, un piton à vis pour le haut, quatre fils de fer n° 16, de 3 mètres, quatre briques brûlées et quatre raidisseurs.

Installation. — A l'aide d'un bout de corde, l'on trace un cercle à 1m,30 du pied de l'arbre et on le divise en parties égales : à chaque point on y creuse un trou de $0^{m},60$ de profondeur, pour y placer les briques, munies d'un collier en fil de fer galvanisé ; toute la terre doit rentrer dans chaque trou en la tassant ; puis, sur les bouts de fil de fer, on fixe les raidisseurs en question ; ensuite, il faut visser le piton au bout du tuteur, y amarrer tous ces fils et placer ce tuteur au pied de l'arbre, à $0^{m},75$ de profondeur ; une fois l'assemblage fait, on raidit le tout et l'on y place de petits latteaux conducteurs pour diriger les rameaux de la première série et former le 1er étage à $0^{m},50$ du sol.

Deuxième taille. — Cette fois, on doit agir comme un docteur qui fait sa première visite à un malade, c'est-à-dire qu'il faut se rendre compte de la vigueur de l'arbre, puis examiner si les yeux sont bien constitués et surtout, bien tenir compte de la position des branches sur la tige, pour les tailler en conséquence et le plus long possible, diminuant toujours graduellement vers le haut. On considère comme bonne végétation, un mètre de longueur, pour les rameaux de l'année ; dans ce cas, le plus bas est taillé à $0^{m},75$, le second à $0^{m},60$, le troisième à $0^{m},45$, et le quatrième à $0^{m},30$; voilà la vraie taille, quoique l'on dise que chaque jardinier a la sienne. (Comme routine, il faut le reconnaître).

Une autre opération à laquelle on ne songe pas et qui est des plus utiles, la seconde année même parfois la première, c'est de supprimer le prolongement sur empatement, pour refouler la sève que prend la tige centrale, sur la série primitive, en provoquant un arrêt momentané dans son accroissement. Condition des plus importante, qui n'a jamais été divulguée.

En conservant, comme on fait généralement, une partie du prolongement, la sève s'y porte en abondance, à cause du large empatement qu'il a déjà à sa base, et tous les yeux conservés, qui sont par ce fait favorisés par la sève, poussent au détriment du 1er étage, que l'on doit avant tout accélérer et fortifier.

Troisième taille d'une pyramide. — Pour établir la seconde série de branches charpentières, il faut que celles de la première aient dépassé la hauteur de la taille à faire pour l'obtenir, c'est-à-dire $0^m,50$, distance nécessaire pour avoir de beaux fruits et éviter l'alternance. Alors d'année en année, on greffe par approche, chaque série en branches l'une sur l'autre; ce sont celles du bas qui doivent suivre les fils de fer jusqu'en haut, recevant toutes les autres graduellement, comme il est dit ci-dessus : c'est le moyen d'éviter la dénudation de la base de ces arbres, au moment où ils doivent être en plein rapport. (A partir de la 4e taille, on peut former deux étages par an). L'un au printemps l'autre en été.

Conditions pour les diverses palmettes et leur formation.

Le point essentiel, pour ces différentes formes, est le même que pour la pyramide, c'est-à-dire qu'il faut stationner deux ou trois ans, sur le premier étage ou série de branches ; pour que le haut de l'arbre ne s'emporte pas au détriment de la base, ne tailler les prolongements que juste ce qu'il faut pour éviter la dénudation des branches charpentières et tenir compte de la distance indiquée comme écartement d'une série à l'autre.

Traitement des productions fruitières en général.

Ce n'est pas tout de bien former les arbres, il faut aussi savoir maintenir les productions fruitières à leurs places respectives. On y arrive facilement en observant ce qui se passe entre elles dans le courant de la végétation de l'année, par différentes opérations, telles que l'éborgnage, l'ébourgeonnement, le pincement, l'arcure des bourgeons, le cassement partiel et la taille ligneuse, faite du 15 août au 15 septembre : j'insiste sur l'utilité de devancer l'époque habituelle, c'est-à-dire avant l'automne et non en hiver.

Quelques explications seraient peut-être bien nécessaires, concernant ces opérations :

1° *Eborgner* veut dire annuler avec l'ongle, les yeux qui

accompagnent ceux de tous les prolongements, afin qu'ils ne s'emportent pas à leur détriment, attendu que ce cas est naturel chez les arbres fruitiers ; cette opération prématurée n'est guère recommandable ; il vaut mieux pratiquer l'ébourgeonnement à temps, c'est-à-dire, fin d'avril courant de mai.

2° *Ebourgeonner*, c'est enlever sur empatement, tous les bourgeons qui prennent un trop grand développement, pour obtenir beaucoup plus vite des yeux stipulaires, qui se trouvent à leur base, de bonnes productions fruitières. Cette opération, trop peu en usage, est aussi recommandable pour la mise à fruit, que pour l'obtention de certaines formes.

3° *Pincer*, c'est arrêter les bourgeons dans leur accroissement ; ce procédé exige beaucoup d'observation, pour produire de bons résultats ; on a tant écrit et prôné cette méthode, que l'on en abuse souvent, pincer trop vite est nuisible, trop tard aussi ; il faut que l'opération soit faite juste à point et pour cela, il faut une longue expérience ; mieux vaut même ébourgeonner les forts et arquer les faibles.

4° *Arquer*, le mot l'indique, c'est abaisser les bourgeons vers le sol pour ralentir leur vigueur ; cette opération est aussi de beaucoup préférable au pincement ; l'on n'est pas astreint à veiller le moment propice pour opérer, et l'opération produit toujours de bons résultats sur des arbres établis comme la gravure du pécher qui se trouve ci-dessus.

5° *Cassement partiel* : ce procédé consiste à casser les bourgeons sur cinq ou six feuilles, tous ces longs rameaux sont alors suspendus par l'écorce, à laquelle ils restent adhérents ; cela cache les productions en voie de formation ; de plus, toutes ces parties cassées, noircissent et ce n'est guère ornemental, tout en étant des plus nuisibles.

D'après toutes ces démonstrations, nous pouvons constater et conclure, que ce sont surtout l'*ébourgeonnement* et l'*arcure des ramifications latérales* qui donnent les meilleurs résultats et pour

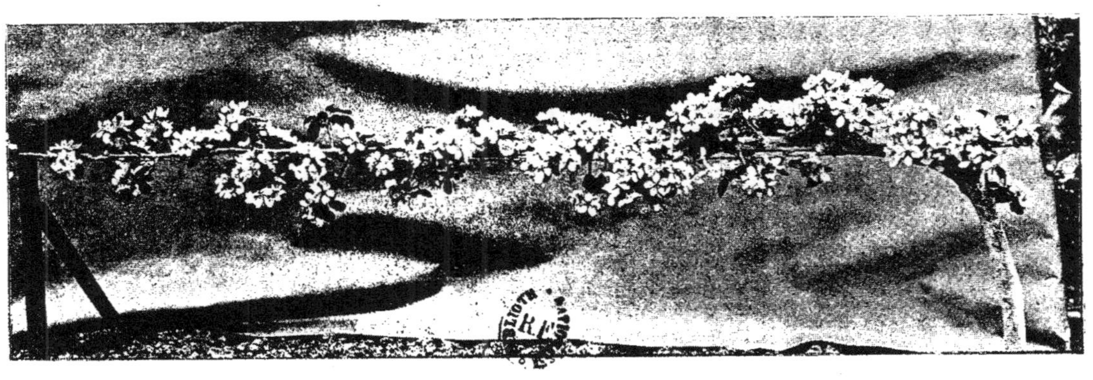

Pour avoir des cordons horizontaux de poiriers ou de pommiers comme celui-ci, il suffit de les arracher, c'est-à-dire, les transplanter avec soins : Ce procédé donne toujours ce résultat.

remédier aux autres procédés, qui laissent à désirer, il est préférable, sous tous les rapports, de devancer l'époque habituelle de la taille, c'est-à-dire tailler toutes les ramifications vers la fin du mois d'août, en réservant les prolongements pour après l'hiver. C'est un procédé que j'emploie et que j'observe depuis longtemps, je constate qu'il procure de grands avantages. D'abord, les fruits présents ainsi que les productions à venir, reçoivent mieux les rayons bienfaisants du soleil d'automne, agents indispensables pour la qualité des fruits et la constitution des boutons ; puis, en concentrant une partie de la dernière sève sur les uns et les autres, on a des fruits plus gros, des productions mieux constituées et la récolte suivante est presque assurée. D'ailleurs, pour s'en convaincre, il suffit d'essayer, en ayant soin toutefois, de différer de quelques jours, s'il survenait une pluie d'orage, car cette eau qui est saturée d'éléments très actifs, pourrait agir sur les productions futures et les faire avorter.

Tout arbre languissant, doit être incisé ; rien ne produit plus d'effets que les incisions longitudinales faites au début de la végétation, sur le corps des arbres ou des branches qui laissent à désirer. Ce procédé consiste à s'armer d'un bon tranchant, pour fendre l'écorce de l'arbre de haut en bas, ou d'un bout à l'autre des branches, pour appeler la sève, afin qu'elle dilate les écorces endurcies. ; on y met en même temps, quelques sceaux de bon purin ou d'engrais humain mélangé d'eau, pour accélérer la cicatrisation des incisions,

Je termine, Mesdames et Messieurs, en vous remerciant de votre bienveillante attention ; j'espère avoir pu vous intéresser, et nous aurons l'occasion dans une autre conférence de vous entretenir encore de l'arboriculture ainsi que des légumes et des plantes qui nous donnent tant d'espérances, de joies et souvent même de profits.

ANNEXE.

Nous allons maintenant, Messieurs, si cela peut vous faire plaisir, indiquer les questions fondamentales pour la culture des fleurs que l'on élève en pots, les plus importantes, sont les composts, les objets à employer et les arrosements ; il faut aussi éviter la poussière et les insectes. Il faut d'abord être muni de bons composts, préparés de longue date, pour que la fermentation des engrais que l'on y met ne nuise plus aux plantes au moment de s'en servir. Dans ce compost, il faut surtout de bons tourteaux et de l'engrais humain.

Il faut ensuite, se rendre compte de la végétation des plantes, pour le pot, vase ou caisse à employer, tout cela doit être en rapport avec les plantes. Exemple : un petit enfant ne saurait pas marcher avec de grands souliers, on le chausse graduellement, suivant son âge. Eh bien, on doit agir de même pour les plantes, c'est-à-dire les rempoter successivement. Quand on n'a pas, juste la grandeur voulue, on fait comme les bonnes ménagères, qui, pour être tranquilles un peu plus longtemps, préfèrent mettre quelque chose dedans, cela est même indispensable pour les plantes comme drainage.

Concernant l'arrosement, il faut surtout bien observer leur végétation, la température qu'il y a et leur appétit. Le pot a besoin d'une pinte d'eau, le vase un litre et la caisse un pot. Seulement, il en est aussi des plantes comme de nous, c'est-à-dire que les appétits diffèrent, l'on ne doit pas arroser les plantes sans l'observer.

Il y a ensuite la propreté, on doit essuyer souvent les feuilles et les laver. Concernant la vermine, il suffit de savoir que c'est surtout la sécheresse qui l'engendre pour connaître les moyens préventifs ; quant à la destruction, les procédés sont nombreux.

Je termine la culture d'une plante à la mode, la seule qui a les honneurs d'expositions spéciales (*le chrysanthème*).

On a déjà tant écrit sur ce roi des fleurs d'hiver et le point de départ pour obtenir des spécimens hors ligne, n'a jamais été divulgué ; il s'agit du bouturage successif pour obtenir de grosses boutures ; car, si celles-ci n'ont pas la grosseur du doigt, pour le bouturage définitif, on arrive difficilement à faire de ces plantes qui font l'admiration générale.

Il faut aussi que ces boutures proviennent de bonnes variétés ayant déjà reçu une bonne culture l'année précédente. Il convient de bouturer de bonne heure, c'est-à-dire en novembre ou décembre, afin d'avoir le temps de procéder comme je vais l'indiquer.

Dès que les premières boutures sont bien enracinées, elles grossissent, on doit les couper et les bouturer une seconde fois, pour obtenir des pousses encore plus grosses.

Pour avoir en hiver la grosseur indiquée, il faut trois bouturages successifs avant d'établir les plantes.

Culture raisonnée du chrysanthème.

Celle-ci consiste à pincer les jeunes boutures aussitôt qu'elles ont 0 m 15 à 0 m 20 de hauteur, on se gardera bien d'opérer au moment du rempotage, il faut attendre quelques jours et leur donner un arrosement préalable, additionné d'engrais doux tel que la bouse de vache, pour que ces jeunes chrysanthèmes soient en pleine végétation ; car il faut pour le bien, obtenir le développement de tous les yeux conservés pour choisir les cinq plus convenables afin de garder l'équilibre entre eux et faire une belle touffe.

Dès que ces cinq bourgeons, ont cinq feuilles bien développées, on opère vers ces points, un second pincement dans le but d'obtenir 25 bourgeons, ils seront encore tous pincés, après avoir été rempotés et arrosés comme il est dit ci-dessus, mais, cette fois, pour obtenir le développement de tous les yeux on ne doit pas aller au delà de trois feuilles, tout en donnant de grands soins, ce qui procure 75 bourgeons.

Un quatrième pincement fait dans les mêmes conditions et seulement sur deux feuilles en donnera 150, et un cinquième 300 : il va sans dire, que pour pratiquer ce cinquième pincement, il faut un engrais supplémentaire et des soins plus assidus ; mais, l'on peut y arriver et avoir toutes grandes fleurs, du moment que le dernier pincement peut être fait avant le mois d'août, la floraison a lieu à son époque normale.

En cultivant le chrysanthème de cette façon, on peut faire une touffe de deux mètres de diamètre, ayant 300 belles tiges qui donneront toutes une fleur tont à fait digne d'admiration, si l'on a soin d'enlever les bourgeons et les boutons supplémentaires au fur et à mesure qu'ils apparaissent et prévenir l'apparition des maladies et des insectes à l'aide de pulvérisations diverses faites le soir tous les huit jours (*Avis aux amateurs*).

LORETTE.

Compte-rendu d'une conférence horticole. — M. Lorette, professeur d'horticulture à Wagnonville, est venu à Cambrai s'entretenir avec ses fidèles auditeurs.

Conférence familière, causerie pratique ; rien d'une docte leçon laborieusement « potassée » quelques jours avant la réunion.

Il y a deux façons de faire une conférence ; ou pour soi-même, par dilettantisme, pour le plaisir — ou l'espérance — d'entendre dire aux auditeurs : Mon Dieu ! que ce Monsieur parle donc bien ! — ou tout simplement pour apprendre aux autres non ce qu'on veut qu'ils écoutent, mais ce qu'ils désirent savoir.

M. Lorette ne veut avoir recours qu'à ce dernier moyen.

Ce sont ses auditeurs qui indiquent les sujets à traiter. Ils peuvent demander des conseils, soumettre des objections, grâce à sa longue expérience pratique M. Lorrette peut les satisfaire.

Dimanche à 3 heures, un auditoire principalement composé d'instituteurs se rendait dans le jardin de M. Fontaine, vieux chemin d'Awoingt.

Ce jardin se prête on ne peut mieux aux démonstrations, car il est tenu de façon merveilleuse, et M. Fontaine reçoit ses hôtes avec une courtoisie exquise, leur offrant, à tous, des rafraîchissements et des cigares !...

On se rend dans le fond du jardin, dans un endroit ombragé, et M. Lorette commence sa conférence.

Il remercie en très bons termes, M. Chevallier, inspecteur primaire qui, malgré ses occupations multiples, honore les réunions annuelles de sa présence, M. Fontaine, si empressé à prêter son jardin pour les démonstrations, M. Dumont, professeur d'agriculture, amenant ses élèves aux conférences, et le journal l'*Indépendant* qui s'y fait représenter par un de ses rédacteurs.

Puis la parole est donnée... aux auditeurs pour les questions qu'il leur plaît de poser.

Sans la moindre hésitation, avec une bonne humeur inaltérable, le professeur donne satisfaction à tout le monde. Etonnez-vous que la causerie, d'une durée de 2 heures, ait semblé trop courte.

M. Chevalier et M. Dumont, interprètes autorisés de l'assistance, ont fort aimablement remercié M. Lorette de son intéressante causerie sur autant de sujets.

Lille Imp. L. Danel.

www.ingramcontent.com/pod-product-compliance
Lightning Source LLC
LaVergne TN
LVHW052020160826
845678LV00003B/1135

9782329647470